생각하는
대로
살아가기

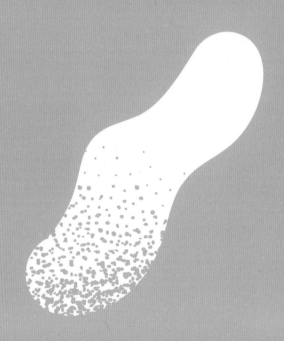

최
원
형

생각하는
대로
살아가기

가지
GRIDS
BOOK

작가가 된
이유

어릴 적 꾸었던 꿈을 이룬 사람이 얼마나 될까?
독자들을 만나는 자리에서 받는 질문 가운데 압도적으로
많은 것이 왜 작가가 되었는지, 작가의 꿈은 언제부터
꾸었는지 하는 것이다. 그러나 나는 작가가 되기를 꿈꾼
적이 단 한 번도 없었다.

초등학생 시절의 꿈은 화가였다. 그림에 소질 있다는
얘기를 좀 듣는 편이었고 학교 대표로 사생대회에 나가

상을 몇 번 받기도 했으니까. 그렇다고
신동 소리를 들을 만큼은 아닌 애매한
재능이어서 중학교에 입학하며 꿈을 바꿨다.
당시 학교에서 배우는 과학이 흥미로웠는데
칼 세이건의 《코스모스》를 읽고 그가
진행자로 나오는 다큐멘터리를 보면서

방패광대노린재

그가 있는 코넬대로 가서 과학자가 되겠다는 목표를
세웠다. 하지만 유학 준비를 하다가 180도 다른 길로
들어선다.

잡지사 기자로 일하던 선배가 인터뷰하는 곳에 우연히
따라갔다가 누군가의 삶을 들여다보는 일에 매력을
느꼈다. 그렇게 기자가 되고 몇 년 후엔 방송작가로
이직한다. 처음 들어간 EBS에서는 <직업의 세계>라는
프로그램을 만드는 구성작가로 일했다. 온갖 것에
호기심이 많은 내게 다양한 직업의 세계를 들여다보는
일은 꽤 흥미로웠다. 조금 더 큰 방송국으로 옮겨서는 여러
프로그램을 만들었는데 그중 예술가들의 다큐멘터리를
제작하는 일이 가장 재미있었다.

작가가 될 꿈은 없었는데 생각해 보니 사회 생활을
하는 내내 글을 썼다. 기자도 방송작가도 결국 글을

쓰는 직업이었으니 말이다. 그러나 방송 일도 적성에
그다지 맞질 않아 오래 하지 못했다. 글 쓰는 건 좋았지만
초저녁잠이 많은 내게 밤샘 작업을 밥 먹듯 하는 직업은
고역이었고 매주 새로운 기획을 뽑아내는 건 나를
소모품으로 만드는 듯했다. 내가 소비되는 느낌이
최고조에 달했을 때 일을 그만둘 핑계를 찾다가 선택한
것이 결혼이다(내 또래 여자들은 많이 그랬다).

　　결혼 후엔 한동안 전업주부로 지냈다. 육아를 하면서
나는 어떤 삶을 살고 싶은지 늘 궁금했다. 이런저런
취미 생활을 해 봐도 흡족하지 않았고, 내 생각에 나는
합리적이지 못한 사회 시스템이나 불의한 이들을 볼
때 속에서 치밀어 오르는 무언가가 있었다. 그 에너지
때문이었을까, 어린이 책방이 막 생기던 무렵에 아파트에서
또래 아이들을 키우는 엄마들과 함께 책 모임을 꾸렸다.
자연스레 책방을 통해 한 시민단체를 알게 되었고 회원으로
활동하며 과학·환경 책을 주로 평가하는 모임을 만들었다.
　　그게 약간 숨통을 틔워 준 것 같다. 나는 교사였던
부모님을 따라 초등학교 입학 전부터 2학년 1학기까지
얼추 2년 반 정도를 강원도 산골에서 살았다. 짧은

기간이지만 지금도 어린 시절 하면 그곳이 가장 먼저 떠오른다. 기억나는 거라곤 주변이 온통 산이었던 풍경과 사금파리 주워 소꿉놀이하던 것, 겨울이 되면 내 키만 한 고드름을 따서 갖고 놀거나 키보다 높게 쌓인 눈 속으로 터널을 파며 놀았던 일들이다. 책 모임에서 '말괄량이 삐삐'의 작가 아스트리드 린드그렌의 《떠들썩한 마을의 아이들》을 읽으며 북유럽 아이들이 나와 비슷한 경험을 하며 성장한다는 걸 알고는 더 친근하게 느껴졌다. 과학·환경 책을 읽으며 어린 시절 어른들 어깨너머로 들었던 찔레, 참꽃, 두릅 같은 자연의 낱말들이 되살아나는 것도 좋았다. 아마도 그때 생태 감수성의 씨앗이 내 마음 어딘가에 떨어졌던 듯하다.

　　마침 한 문화센터에서 나무 강의가 열려 공부를 시작했다. 나무를 공부하다 보니 자연스레 곤충, 버섯 등의 존재도 눈에 들어오고 점점 더 보이는 게 많아졌다. 처음엔 아파트에 심은 나무 이름이 궁금하다가 나무에 깃든 곤충이며 여러 생물을 찾아보기 시작했다. 아이들과 거미줄, 개미집, 지렁이 분변토를 들여다보며 발견하는 기쁨을 누렸고, 가을이면 계수나무의 달큰한 냄새를 함께 맡았다.

그러던 어느 날, 초등학교 4학년이던 큰아이가 하교 후 제 방으로 들어갔다가 엉엉 울며 부엌에 있는 내게로 왔다. 너무

흰눈썹깡충거미

놀라 무슨 일이냐 물으니, 아이는 방에 있던 거미줄이 사라졌다며 대체 누가 치웠냐고 물었다. 내가 치웠다고 하자 아이는 "거기 거미가 한 마리 살고 있었는데, 내 친구였는데…." 하며 통곡을 했다. 얼마나 미안하던지. 아이는 아마도 《샬롯의 거미줄》을 읽고 감정이입이 깊게 되었던 듯하다. 그날 이후로 어떤 거미든 발견하면 우리 식구가 되었다. 또, 유치원생이던 작은 아이는 어느 날 베란다에서 물뿌리개를 들고 화분에 물을 주다 말고는 거실로 뛰어 들어오며 "엄마, 엄마, 얼른 이리 와봐." 했다. 따라가서 봤더니 빈 화분에서 잡초가 싹을 틔우고 있었다. 아이는 자기가 그 싹을 키운 거라며 무척 기뻐했고 나는 "너는 초록 엄지손green thumb을 가졌구나."라며 한껏 칭찬해 주었다. 지금은 성인이 된 아이들 마음 안에도 그 감수성이 여전히 씨앗으로 남아 있을 것을 믿는다.

이런 에피소드들이 주변에 소문나면서 책으로

내보자는 제안이 왔다. 뜻밖의 제안에 몇 차례 거절했지만 출판사 설득에 넘어가 얼떨결에 첫 책을 냈다. 《도시에서 생태 감수성 키우기》라는 제목의 책이었다(이 책은 이제 절판되었고, 2024년 《질문으로 시작하는 생태 감수성 수업》을 출간했다).

'생태 감수성'이라는 말을 우리 사회에 처음 던진 제목 덕분에 방송에도 출연하고 여러 매체와 인터뷰하는 경험을 했다. 굳이 멀리 있는 숲에 가지 않아도 도시에서 얼마든지 생태 감수성을 키울 수 있다는 게 내가 책으로 전하고자 한 메시지였는데 당시엔 그런 생각이 신기해 보였나 보다.

관찰하면 어디에나 생물이 있으나 '보는 눈'을 갖기 전에는 보이지 않는 게 사실이다. 꿈틀거리는 건 다 징그럽다고 생각하는 고정관념에서 벗어나 지렁이가 흙을 건강하게 일구는 데 반드시 필요한 동물이라는 걸 알고 나면 더 이상 징그러워 보이지 않는다. 오히려 귀하고 고맙고 사랑스럽기까지 하다. 아는 것과 모르는 것 사이에는 어마어마한 강이 있다. 우리는 이 강을 '알려는 마음'이라는 뗏목 하나로 너끈히 건널 수 있다.

우리는
생태 감수성을
갖고
태어났다

 2011년 3월 11일, 동일본해에 대지진이 발생했고 그
여파로 쓰나미가 일본 열도를 강타하면서 해안가에 줄지어
있던 핵발전소가 폭발하기 시작했다. 바로 옆 나라에서
실시간으로 벌어지는 핵사고에, 누구나 그랬듯 엄청난
공포를 느꼈다. 핵 문제를 다룬 움베르토 에코의 《폭탄과
장군》, 구드룬 파우제방의 《핵폭발 뒤 최후의 아이들》을
읽으며 느꼈던 두려움이 코앞의 현실로 다가온 듯했다.
핵폭탄만 알고 있었는데 핵발전소라니? 우리 일상에 너무
가까이 존재하는 공포의 실체를 깨닫고는 닥치고 핵에너지
공부를 시작했다. 나는 궁금증이 생기면 일단 스스로

공부를 시작해서 답을 찾는 성격이다.

도대체 핵발전소란 무엇이며 왜 폭발했는지 원인을
찾아가다가 그 위험천만한 발전소가 우리나라에도 여러 개
있다는 사실을 알게 되었다. 결국 인류 문명은 전기에너지
위에 이룩된 것이라는 자각이 왔고, 그렇다면 과연 우리는
핵의 위험으로부터 벗어날 수 있을지 내 안에서 질문이
쏟아졌다. 그러다 소비 문제로, 소비는 또 자연스레 생태계
위기로 연결되었다. 우리가 일상에서 사용하는 온갖 물건의
원료를 채굴하고 제조하는 과정에서 벌어지는 생태계
파괴를 알고 나면 그곳에서 살아가는 생물들의 처지를
생각하지 않을 수 없다.

이런저런 매체에서 기고해 달라는 요청이
이어졌고 내 능력이 닿는 대로 글을 썼다.
많을 때는 한 달에 다섯 곳에 글을 연재할
정도였다. 지방으로 강연 가는 기차 안은
물론이고 흔들리는 버스 안에서도
노트북을 펼쳐 놓고 글을 썼다.

흰점빨간긴노린재

원고료가 있든 없든 글을 썼다. 이런 과정이 오늘의
나를 만들었다.

내 호기심의 출발은 나무고 숲이었는데 어쩌다

자연으로 향하는 삶

이만큼까지 와 버렸고 탈핵, 에너지, 기후변화, 소비 등
다양한 주제로 열여섯 종의 책을 출간한 작가가 되었다.
그리고 그 모든 것의 중심에 '생태 감수성'이 있다.

　

나는 꼼꼼하게 기록하고 관찰하는 걸 잘 하지 못한다.
급한 성격 탓에 한곳에 오래 머무르며 찬찬히 살필 수가
없다. 대신 타자를 향한 공감 능력은 조금 특별나지 않을까
싶다.

지난겨울 어느 날, 장바구니 두 개에 가득 장을 봐서
집으로 가던 길이었다. 시력이 그리 좋지 않은데도 바닥에
떨어져 있는 벌 한 마리가 눈에 들어왔다. 여섯 다리를
오므리고 누워 있는 벌은 손가락으로 건드려도 아무런
반응이 없었다. 겨울이 겨울답지 않게 기온이 높다가
며칠 바짝 추웠는데 봄인 줄 알고 나왔다가 기절한 걸까?
장바구니 두 개를 어깨에 멘 채 쭈그리고 앉아 이런저런
추측을 하다가 뭘 어떻게 하겠다는 계획도 없이 일단
손바닥에 올려 집으로 데리고 왔다. 내 손은 일 년 내내
따뜻하니 만약 추워서 기절한 거라면 체온에 깨어날지도

모른다는 허무맹랑한 생각을 하면서
말이다. '그런데 만약 깨어난다면 내
손을 쏠지도 모르는데 어떡하지?' 이런
생각을 하다가 '쏘면 쏘이지 뭐, 봉침도
맞는 세상에.' 하며 잔뜩 호기롭게 집까지

장수말벌

짧은 거리를 걸었다. 그리고 엘리베이터에서 내려 현관문
비밀번호를 누르려는 찰나, 손바닥에서 작은 움직임이
감지되었다. 그 순간, 좀 전까지 부리던 배짱은 사라지고
나도 모르게 번호를 급히 누르려다 두 번이나 틀리고는
겨우 문을 열었다.

얼른 부엌으로 달려가 벌을 접시에 내려놓고 체로
덮었다. 그제야 숨이 제대로 쉬어졌다. 일단 움직이는
걸 보니 살릴 수 있겠다 싶어 설탕물을 조금 만들어서
젓가락에 묻혀 가져다 댔다. 벌은 아주아주 조금 먹더니
점점 기운을 차려 좁은 체 안에서 붕붕 대며 날기를
시도했다. 그러나 이미 어둑해진 시각, 벌은 과연 제대로
안식처를 찾아갈 수 있을까? 해가 떨어지면 기온은 더
내려갈 텐데…. 또다시 고민이 찾아왔지만 그대로 두면
좁은 체 안에서 답답할 것 같고, 어찌 됐든 야생의 생명이니
내보내는 게 맞겠다 싶었다.

창을 두 개 열고 방충망을 여는데 가슴에 뭔지 모를 울컥함이 일었다. 접시를 밖으로 내밀고 체를 연 순간 벌은 나를 안심시키기라도 하려는 듯 힘차게 위로, 더 위로 날아올랐다. "잘 살아!" 나도 모르게 이 말이 튀어나왔다. 아주 짧은 시간에 정이 들었던 걸까? 이후로도 길에서 죽은 듯 떨어진 벌과 등에를 발견하면 집에 데려와 소생시켜서 내보낸다. 베란다에 있는 새 모이대 물통에서도 이따금 파리나 벌 또는 고마로브집게벌레가 빠져 있는 걸 발견하는데, 물에서 건져 주면 대체로 살아서 날아간다. "물에서 건져 줬다고 보따리도 내놓으라는 건 아니겠지?" 이런 농담도 하며 역시 마지막엔 "잘 살아!"가 입에서 터져 나온다.

생각해 보면 나도 어릴 적에는 벌레가 징그럽고 싫었다. 집 마당에 크고 넓게 쳐진 거미줄을 일일이 찾아 없애는 건 말할 것도 없고 그 안에 있는 거미마저 빗자루로 싹싹 쓸어서 밟아 죽였던 기억이 있다. 무지했던 시절에 진 빚이 많으니 앞으로도 나는 어려움에 처한 생명들을 꾸준히 살려 줘야 할 것 같다.

까칠하기로 둘째가라면 서러운 내가 유독 야생의

생명들에게 갖는 연민을 이해할 수 없다는 지인들이
있다. 그래서 사람에게도 좀 더 따뜻한 마음을 가지려고
노력하는 중이다. 인간이든 비인간이든 대상을 이해하는
과정에서 무지의 더께가 하나씩 걷힐 때마다 공감의 폭이
넓어진다. 무지는 무관심과 다르지 않다. 어느
순간 자연에 관심이 가고 그쪽으로 눈을
돌리는 일이 잦아지다 보면, 눈에 들어온
생명 하나하나에 연민의 정을 품게 된다.
자연의 변화를 예민하게 바라보고 그
안에서 일어나는 일의 이치를 헤아려

거위벌레

존중하는 마음이 생기면 생명에 대한 감정이입 능력이
풍부해진다. 그런 정서를 바탕으로 지구에서 함께
살아가는 뭇 생명들과 연대해 공동의 선을 추구하려는
마음이 생태 감수성이 아닐까? 현대인들이 많이 잃어버린
감각이긴 하지만, 사람은 원래 생태 감수성을 품고 세상에
나왔다고 생각한다. 쌓인 먼지를 닦아 내면 비로소
반짝이는 물건이 드러나듯, 우리 안에 내려앉은 무지의
먼지만 닦아 내면 될 일이다.

청소 중독자,
전기 청소기를
버리다

후쿠시마 핵발전소 사고 이후 에너지를 공부하면서
내 삶이 객관적으로 보이기 시작했다. 특히 내가 소비하는
전기에너지에 신경이 쓰였다. 유럽연합처럼 재생에너지로
만든 전기만 선택해서 쓸 수 없는 국내 전력 생산구조를
생각하면 내가 사용하는 전기의 25~30퍼센트는
핵발전소에서 나온다. 그러니 전기를 쓸 때마다 나는
핵발전소의 존립을 지지하는 꼴이 된다. 꼭 핵발전소가
아니어도 전체 전력의 60퍼센트 정도를 화력발전소에서
생산하고 그것이 결국 이산화탄소 과다 배출로 연결된다는
사실은 변함이 없다. 내가 선택할 수 있는 행동은 가능하면

전기에너지보다는 내 몸의 동력을 사용하는 것이고, 그럴
수 없을 때는 1차 에너지(가스)를 사용하기로 마음먹었다.
첫 번째 실천으로 일 년 내내 사용하는 전기밥솥의 전력
소비량이 상당하다는 걸 알고는 가스레인지에 압력솥을
올려 밥을 짓기 시작했다.

　나는 국산 제품이 생산되기도 전에 이미 수입
식기세척기를 사용하고 있던, 전자 제품의 효능감에
꽤나 중독된 사람이었다. 어느 날 백화점에 갔을 때 못
보던 가전제품이 눈에 띄었는데 물건을 판매하는 이가
"독일 주부들은 물을 아껴요." 하는 말이 너무 아름답게
들려서 곧장 구입했다. 나는 설거지를 무척 싫어했다.
막내며느리로 명절 때마다 많은 설거지를 감당해야
했기에 더욱 싫어했던 것 같다. 그런데 에너지를 공부하다
보니, 식기세척기는 물을 좀 아낄 수 있을지는 모르나
전기에너지를 무진장 소비하는 물건이었다. 그릇을
건조시킬 때의 뜨거운 바람까지 다 전기로 만드는 것
아닌가. '자연건조로도 충분한데 왜?' 이런 의문이 들기
시작하며 세척기 사용이 자꾸 망설여졌다.
　식기세척기는 정말 편리한 기계가 맞을까? 작동하는

동안 소음은 감수해야 한다. 한 끼 그릇을 설거지하기엔 공간이 너무 넓으니 몇 끼니를 기다렸다가 돌려야 하고 나중엔 꽉 찬 그릇을 다시 꺼내 정리하는 일이 번거롭고 불편하게 느껴졌다. 이 그릇들까지 정리해 주는 기계가 있으면 좋겠다는 생각이 들다가 '대체 인간이 바라는 편리함에 끝은 있을까.'라는 반성에 다다랐다. 그리고 무엇보다 식기세척기는 작동 시간이 너무 길다. 단지 내가 할 일을 기계가 대신해 준다는 편리함 말고는 지불할 비용이 너무 많은 데다 망가지면 고스란히 전자 쓰레기가 되는 물건이 아닌가 말이다. 그러다 마침 고장이 나서 수리를 받아야 할 상황이 되었는데 고치는 비용이 제품 가격의 1/3 정도 든다고 해서 이후로는 그냥 수납장으로 사용하고 있다.

이렇게 집에서 전자제품 빼기가 시작되자 식구들의 불만이 조금씩 터져 나오기 시작했다. 그렇지만 이미 나는 핵발전소 문제를 알아 버렸고 돌아갈 다리를 불태운 뒤였다.

어느 날엔 10년쯤 쓰던 전자레인지가 고장이 나서 수리를 맡기러 갔더니 부품가격이 7만 9000원이라고 했다.

"고쳐 주세요." 내 입에서 나올 수 있는 당연한 말을 했더니
센터 수리기사가 오히려 당황하며 전자레인지의 구조를
설명한다. 전자레인지에는 중요 부품이 세 가지 있는데 각
부품의 값이 다 그 정도 한다, 오래된 제품은 부품 하나를
고쳐도 다른 것이 또 고장 날 수 있어서 결과적으로 제품
가격보다 두세 배 많은 수리비가 들어갈 수도 있는데
그래도 고치겠냐고 묻는다. "아니 왜 제품보다 부품
가격이 더 비싸요?" 따지듯 묻자 "당연한 거 아닌가요?
대량생산을 할 때 책정된 부품 가격과 소매로 하나씩 고칠
때의 부품 가격은 다르지요." 한다. 결국 기업이 원하는 건
신제품을 계속 만들 테니 고장 나면 버리고 다시 사, 이것
아닌가? 알고는 있었지만 과잉 생산을 위해 과잉 소비를
부추기는 현장을 목도한 기분이었다. 그리고 남겨지는
과잉 폐기의 책임은 누가 지나?

　　제품이나 포장재 폐기물에 대해 생산자에게 일정량의
재활용 의무를 부여하는 EPR 제도가 있다고는 해도
허울뿐이고, 이렇듯 끊임없이 소비를 부추기는 풍토에
울분이 치밀어 오른다. 잠시 숨을 고르며 고민을 시작했다.
우리집에서 전자레인지의 용도는 찬밥을 데울 때와
찜질팩을 사용할 때뿐이다. 냉동식품은 미리 해동한 뒤

조리해 먹고 대체로는
재료를 사다 요리해
먹기 때문에 용도가
크지 않다. 얼른
'찬밥을 전자레인지
없이 데우는 방법'을

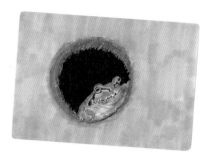

청개구리

검색했더니 예전에 이미 알던
방법들이다. 찜기에 밥을 올려 찌면 된다는 그 당연한
상식을 인터넷 검색을 통해서야 알아내다니! 전자레인지
등장 후 팽개쳤던 살림법이 부활하는 순간이었다. 수리
기사에게 제품을 잘 폐기해 달라 부탁하고 돌아서면서
가족 단톡방에 '전자레인지 없이 밥 데우는 법'을
공유했다. 큰아이가 얼른 하트를 날려 다른 두 식구의
불만을 잠재워 주었다.

사실 전자레인지보다 훨씬 더 오래전에 없앤 가전제품이
있는데 청소기다. 아니, 없앤 건 아니고 여전히 집에 있지만
사용을 멈춘 지 10년이 넘는다. 일 년에 한 번 정도 작동이
되는지 확인하는데 여전히 잘 움직인다.

후쿠시마 사고 이후 일본과 한국 시민사회에서는

대안적 삶을 모색하는 교류 활동이 활발했다. 그때
후지무라 야스유키라는 비전력 非電力(전기를 사용하지
않는다는 의미) 전문가의 워크숍이 서울에서 열렸는데 그의
이야기 가운데 전기 청소기와 빗자루의 효율성을 비교한
것이 흥미로웠다. 강연을 들으며 내가 처음 전기 청소기를
구입했던 때를 회상해 보았다. 결혼도 하기 전이었는데
집에서 TV 광고를 보다가 '와, 저런 신기한 게 있네!' 하고
부모님을 부추겨서는 청소기를 구입하게 했다. 광고를 본
순간, 문명의 이기에 대한 경외심 같은 게 일었달까. 하지만
막상 청소기는 이리저리 공간을 옮길 때마다 플러그를
뽑았다 꽂았다 반복해야 하고 탁자 다리며 가구에 부딪쳐
흠집을 냈다. 우리집은 아버지가 주로 청소를 담당하셨는데
얼마 안 가 청소기를 거실 한구석에 방치하다시피 세워
놓고는 다시 빗자루와 걸레를 사용하셨다. 손청소를
하기에 작지 않은 공간인데도 그게 훨씬 효율적이라는 걸
몸으로 알고 계셨던 것 같다.
　　스트레스를 청소로 푸는 나는 청소 도구에 약간
병적일 정도로 집착하는 편이었다. 당연히 국내 가전사
청소기를 고루 써 봤는데 하루에 두 번 이상 사용하니
고장이 빨리 나기도 했고 그냥 더 좋은 제품이 나와서 바꾼

적도 있었다. 네 개째 사용할 무렵 후지무라 씨를 알게
되었고 이후로는 10년 넘게 청소기를 사용하지 않는다.
그 대신, 명인이 만든 갈대 빗자루를 3만 5000원에 구입해
사용하다가 너무 닳아 작년 연말에 새것으로 바꾸었다.

　후지무라 씨가 청소기와 빗자루를 비교 분석한 내용은
대강 이렇다. 청소기는 시끄럽지만 빗자루는 조용하다.
청소기는 전기에너지를 쓰지만 빗자루는 내 몸의 에너지를
동력으로 삼는다. 청소기는 무겁고 온갖 가구에 흠집을
내지만 빗자루는 무진장 가볍고 가구에 닿아도 아무렇지도
않다. 다양한 곳에 내려앉은 먼지를 빗자루는 골고루
쓸어낼 수 있지만 청소기는 트인 바닥만 청소할 수 있다.
기술의 진보를 거듭하며 청소기 성능도 더 나아졌겠지만
망가지면 플라스틱과 여러 전자부품 쓰레기를 남긴다는
점은 여전하다. 반면에 나의 갈대 빗자루는 쓰임을 다한 후
고스란히 자연으로 돌아간다.

　과거 어느 순간 우리가 빗자루를 버리고 청소기를
선택할 때(철없는 내가 광고를 보았던 그 순간!) 두 물건을
꼼꼼하게 비교 평가하고 사용을 결정했더라면 어땠을까?
이탈리아의 진화생물학자인 텔모 피에바니는 그의 책
《불완전한 존재들》에서 인간의 말할 수 없이 비이성적인

사고와 행동에 관해 서술한다. 책을 읽으며 크게 공감했던 것 중 하나가 소비 행태다. 우리가 합리적이고 이성적인 존재인가 궁금할 때 가전제품의 효율성을 요모조모 따져보면 답이 대충 나온다.

청소기 없이 어떻게 사느냐는 질문을 종종 받는다. 전자레인지 없이 밥을 데우는 게 불편하지 않느냐는 질문도 받는다. 사실 고작 30년 전쯤엔 다 그렇게 살았던 방법으로 회귀했을 뿐, 내 생활이 크게 달라진 건 없다. 오히려 전자레인지를 없애고 삶의 속도가 조금 느려진 게 지금은 기쁘다. 손설거지를 하며 부엌 창 너머로 계절을 느끼고 하루를 정리하며 머릿속을 복잡하게 만들던 생각들을 정리하는 시간을 즐기고 있다. 틱낫한 스님이 말했던 '설거지 명상'이란 바로 이런 게 아니겠는가. 이렇게 좋은 걸 왜 그땐 그토록 싫어했을까, 생각하다 보면 후쿠시마 사고가 끼친 긍정적인 영향도 없진 않은 것 같다. 앞으로도 내 삶에서 가전제품 빼기는 계속될 것이다.

없어도 살 수 있는 생활가전들.
목록을 많이 추가할수록 지구에 좋다.

육식을
끊었지만
채식주의자는
아닙니다

우리 집은 공식적으로 일 년에 세 번 고기를 먹는다.
아니 정확히는 고기를 사는 날이 일 년 중 세 번인데
설날과 추석 그리고 김장하는 날이다. 연중행사인 고기
먹는 날에는 식구들에게 먹고 싶은 고기 메뉴를 뭐든
주문하라고 한다. 갈비든 너비아니든 불고기든 등심
로스든 뭐든 먹고 싶은 걸 해 주겠다며 인심 좋은 사람
행세를 한다. 전에는 식구들 생일상에도 고기를 올렸지만
언젠가 읽은 책에서 '태어난 기쁨을 축하하는 날 왜 남의
목숨을 먹느냐.'는 글을 읽은 뒤로 고기 반찬을 빼 버렸다.
대신 들깨미역국을 맛있게 끓이는 수준이 해마다 '늘고

있다'고 믿는다.

일 년에 세 번이면 무척 기다려질 것 같지만 바쁜
현대사회에서 하루에 한두 끼는 보통 밖에서 먹으니 우리
가족이 일 년에 딱 세 번만 고기를 먹는 건 아닐 것이다.
그럼에도 우리집에 '고기 먹는 날'을 만든 까닭은 내가
고기를 끊으면서 터져 나올 불만을 잠재우기 위한 나름의
자구책이었다.

2019년 8월, 아마존 열대우림이 3주간 불타고 있는데
당시 브라질 대통령이던 자이르보우소나루는 진화
지시를 내리지 않고 있었다. 이유는 한 가지, 열대우림을
'개발'하기에 호재였기 때문이다. 브라질의 수출 품목
1위가 대두라는 것과 이 일은 밀접한 관련이 있었고, 대두는
우리의 육식과 떼려야 뗄 수 없는 관계에 놓여 있다. 결국
세계 시민의 분노가 산불을 끄긴 했지만, 나는 그 과정을
지켜보며 가슴이 미어질 듯 아팠다. 실제로 만난 적은
없지만 열대우림을 거처로 살아 왔을 수많은 생명의 죽음을
상상하니 견딜 수가 없었다. 지구 반대편에 있는 내가 할 수
있는 방법을 찾다가 내린 결정이 고기를 끊는 일이었다.

고기를 끊겠다는 선언을 식구들 앞에서 했을 때 남편의
첫 마디는 "우리도 끊어야 해?"였다. 나만 끊는 거라고

열대우림에 사는
큰부리새

안심시켰다. 그리고 장바구니에 고기를 담는 일이 점점
뜸해지다가 결국 일 년에 세 번으로 고정되었다.

이따금 고기를 끊었다고 이야기하면 채식주의자냐는
질문이 돌아온다. 질문을 받을 때마다 나는 채식만 하는
것도 아니고 무슨무슨 주의자는 더더구나 취향이 아니라고
답한다. 누군가 홍어를 싫어해서 안 먹듯 그렇게 고기를 안
먹는 선택을 했을 뿐이다. 엄밀히 말하면 나는 비건 vegan 이

아니라 페스코pesco, 그러니까 아직 생선류는 먹는다.

채식 위주 식생활을 하면서 내가 가장 중요하게 생각하는 건 유기농 위주 식단이다. 가능하면 쌀까지 모두 유기농으로 먹는다. 도시에 사는 내가 유기농으로 농사짓는 농부를 응원할 수 있는 적극적인 방법이라 생각하기 때문이다. 누군가는 경제적으로 여유롭지 않은 사람들에게 유기농 식품 구매는 꿈도 꿀 수 없는 일이라고 말한다. 그럴 수 있다. 그래서 우리나라 온 국민이 유기농으로 식탁을 채울 수 있도록 정부가 역할을 하면 좋겠다고 생각한다. 저렴한 유기농은 왜 불가능할까? 토건에 들어갈 예산을 유기농 구입비에 일정 부분 지원하는 정책으로 해결할 수 있는 일이다.

유기농 농사로는 지구 인구를 다 먹일 수 없다고 말하는 이도 있다. 정말 근거 있는 주장일까? 오늘날 지구에서는 100억 명 이상을 먹여 살릴 수 있을 만큼의 식량이 생산되고 있다. 생산된 곡물의 1/3은 가축 사료로 쓰이고 우리 먹을거리의 1/3은 쓰레기로 버려진다. 잘 사는 나라에서는 비만과 영양 과잉에서 비롯된 질환을 치료하느라 엄청난 비용을 지출하고 다이어트 산업에 어마어마한 돈이 오가는 반면, 지구 한편에서는 여전히

배를 곯는 인류가 8억 명 가까이 된다. 그러니 식량이
부족하다는 주장이 숨기고 있는 것은 생산보다는 분배가
아닐까.

　전 세계 곡물 시장의 80퍼센트가량을 네 개의 거대
곡물 기업(Archer Daniels Midland Company, Bunge, Cargill,
Louis Dreyfus Company. 약자를 따서 'ABCD 기업'이라 부른다)이
독점하고 있는 것도 불편한 진실이다. 거기다 예측할 수
없는 기후 변동성이 농산물 생산량에 큰 변수가 된다.
기후에 따라 생산량이 널뛰니 가격이 덩달아 치솟는다. 이
문제를 정부는 수입산 농산물로 손쉽게 해결하고 있다.
당장은 가격이 안정되니 소비자 입장에서도 좋아 보일지
모르나 길게 보면 저렴한 농산물이 수입되는 바람에
국내에서 농산물을 경작하는 사람과 재배지는 점점
줄어들고 자연히 생산량도 줄어든다. 악순환의 고리가
깊어질 뿐이다.

　나는 튀김 음식을 좋아하는 편이다. 고구마 튀김과
단호박 튀김을 특히 좋아하는데 스트레스가 가득 찰 때
튀김을 먹고 나면 어쩐지 스트레스가 해소되는 느낌을
받는다. 그런데 식용유와 육식의 연결고리를 알고 난

뒤로는 튀김 음식도 덜 먹게 되었다.

'명절이나 제사 음식에 왜 꼭 전을 부칠까? 귀한 음식도 아닌데 대체 왜?' 며느리로 허리가 아프도록 전을 부치던 어느 해, 문득 내 안에서 질문이 떠올랐다. 답을 찾은 건 한참 시간이 흐른 뒤였다. 과거에 전이 귀한 음식이었던 건 기름이 귀했기 때문이다. 식용유가 생기기 전에는 기름이라고 해 봤자 참기름과 들기름 그리고 돼지기름 정도가 고작이었으니까.

식용유가 우리 부엌에 흔해진 것은 1971년 동방유량의 해표식용유가 국내 생산을 시작한 이후부터다. 그러면 해표식용유의 원료인 대두는 어디서 생산한 걸까? 당연히 수입산이다. 콩 수출국으로는 미국, 브라질, 칠레, 중국 등 여러 나라가 있는데 그중에서도 브라질의 1등 수출품이 대두다. 그 대두를 생산하려 아마존 밀림이 불타고 있는 것이다.

식용유를 짜고 남은 대두박은 가축 사료로 쓰인다. 어느 순간부터 식용유가 우리 삶에 흔해지기 시작했고, 튀김 음식이 식탁에 오르는 횟수가 늘었고, 덩달아 육류 소비도 늘어났다. 이 연결고리는 우연이 아니다. 육류 소비와 식용유 생산량은 궤를 같이 한다. 그리고 아마존 화재도.

채식을 하는 이들 가운데 튀김 요리를 즐기는 이들이 꽤 있다. 만약 음식을 튀기는 기름과 가축 사료 사이에 얽힌 고리를 알게 된대도 여전히 튀김 요리를 즐길 수 있을지 모르겠다.

이쯤에서 불만이 터져 나올 수도 있겠다. 도대체 먹는 즐거움이 얼마나 큰데 고기도 안 된다, 튀김도 안 된다 하느냐고. 나는 '안 된다'가 아니라 너무 많이 먹는 게 문제라는 얘기를 하고 있는 거다. 육식 문제도 그렇다. 나는 우리 사회의 가장 큰 병폐를 흑백논리라고 생각하는데 '고기를 끊었다'고 하면 '채식주의자'로 바로 연결해 버리는 생각의 습관에 저항한다. 내가 고기를 끊은 건 아마존 화재에 대한 강한 반감의 표시이자 이미 그곳에서 사라졌거나 앞으로 사라질 위험에 처한 생명들과 연대하려는 마음에서다. 비록 고기를 끊었지만 육식을 무조건 반대하지는 않는다.

인류는 야생의 동물을 데려다 길들여 가축화했고 그 노동력으로 문명을 일구었다. 가축의 분뇨가 땅을 기름지게 했고, 가축이 밟고 지나다니는 땅에 식물이 더욱 깊이 뿌리를 뻗으면서 생명력 강하게 살아남았다.
깊이 뻗어 내려간 식물의 뿌리는 더 많은 빗물을 잡아 둘
공간을 확보했고 홍수 같은 재난에서 토양 침식을 막았다.
인류가 이룩한 삶에 가축의 역할이 적지 않았다. 사람들은
기름진 음식이 필요할 때 도축을 하기도 했는데 문명사에서
자연스러운 일이었다고 생각한다. 문제는 오늘날 고도화된
소비사회에서 넘치도록 과하게 행해지는 공장식 축산이고
그와 연결된 습관적 육식이다.

　　요즘은 채식주의자를 뜻하는 베지테리언 vegetarian
말고도 플렉시테리언 flexitarian, 리듀스테리언 reducetarian
같은 말이 생겨났다. 고기를 완전히 끊진 않지만 유연하게
줄여 보려는 사람을 일컫는 말이다. 고기를 끊어야겠다는
강박에서 벗어나 섭취량을 줄이는 정도면 이미 당신과
나는 연대하는 거다. 먹는 즐거움은 분명 인간의 여러 욕망
가운데 하나지만 그 욕망을 80억 넘는 인구가 무절제하게
채우고만 산다면 지구에 숲이, 다른 생명들이 살아남을
수 있을까? 필요한 만큼의 섭취, 쓰레기를 남기지 않을
만큼의 생산. 그런 절제된 삶의 방식에 공감하는 사람들의
목소리가 계속해서 늘어나면 좋겠다.

그,
청바지에
티셔츠
입고 다니는
작가

《배고픈 외투》라는 그림책이 있다. 튀르키예를
대표하는 민중 철학자이며 상당한 이야기꾼이었던
나스레틴 호카의 일화를 담은 책으로, 아이들 어릴 적에
읽어 주다가 오히려 내가 많은 생각을 하게 되었다.
나스레틴은 지혜롭고 재미난 사람인데 다른 이들을 돕는
일을 즐겼다. 하루는 부자 친구의 잔치에 초대받아 가는
길에 날뛰는 염소가 있어 붙잡는 일을 돕는다. 그러느라
가뜩이나 허름한 외투 여기저기에 얼룩이 묻고 염소
냄새까지 배었다. 나스레틴은 옷을 갈아입을 새가 없어
그대로 친구 집으로 갔는데 아무도 그를 반기지 않고

말을 걸기는커녕 음식도 주지 않았다. 그는 자리에 모인 사람들의 행색을 찬찬히 살피다가 집으로 가서 말끔히 씻고는 자기 옷 가운데 그나마 괜찮은 옷으로 갈아입고 돌아왔다. 이번에는 모든 사람이 그를 보고 반가워하며 맛난 음식을 대접하는 게 아닌가. 나스레틴은 잘 차려진 음식을 외투 속으로 집어넣으며 말한다. "외투야, 먹어라!"

책 제목이 《배고픈 외투》가 된 사연이다.

강연을 다니면서 비슷한 경험을 여러 차례 한다. 그림책 속 인간 군상을 그대로 느낄 때도 몇 번 있었다. 특히 CEO 대상 강연이나 사회적으로 지위가 좀 있는 이들 앞에 설 때는 더러 이 책이 생각난다. 강연장에 들어가면 내가 강사인 줄 알아채지 못하는 사람이 꽤 된다. 오히려 정장을 잘 차려입고 나를 안내하는 이를 강사로 착각해 인사하는 해프닝이 벌어지기도 한다. 내가 스티브 잡스나 주커버그만큼 유명하다면 청바지에 보푸라기가 돋은 스웨터를 입든 후드 집업을 입든 다 용서가 될 텐데…. 그런 생각이 들면 더 유명해져야겠다는 마음도 생긴다. 장소를 막론하고 '청바지에 티셔츠 입고 강의하는 작가' 하면 누구나 최원형을 떠올릴 수 있도록 말이다.

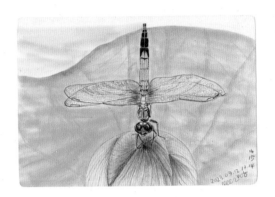

큰밀잠자리

    강연하러 갈 때든 친구를 만날 때든 나는 대체로
청바지에 티셔츠나 셔츠 차림이다. 대중교통으로 움직이기
때문에 늘 짐이 많아서 어지간히 춥지 않고는 재킷을 입지
않는다. 입으면 땀이 나고 들자니 짐이 되니까. 재킷이
몇 벌 있지만 일 년에 두세 번 입으면 해가 바뀌고 유행도
바뀌어 이제는 새것을 사지 않는다.

    티셔츠는 빨아서 바로 입을 수 있는 반면 블라우스나
셔츠는 다림질이 필요하다. 굳이 에너지를 더 쓰면서까지
이런 옷을 입어 내가 얻을 게 무엇인가 생각하다가 다림질
없이 입는 방법을 찾아냈다. 셔츠를 세탁해서 말릴 때

조금 신경 써서 손질하면 된다. 주름이 지지 않도록 탈탈
털어 폈다가 반듯하게 접어서 손바닥으로 몇 번 두드린 뒤
널어 말리면 다림질 수준까진 아니어도 제법 단정해진다.
여름에는 너무 더우니 청바지 대신 원피스를 즐겨 입는데
그것도 격식을 갖춘 것은 불편하다. 최근 4~5년은 색도
바래고 목둘레도 슬쩍 늘어난 까만 원피스를 교복처럼
애용하고 있다.

세탁기가 미세플라스틱을 만드는 주범이란 걸 안
뒤로 나는 가능하면 손빨래를 지향한다. 청바지를
제외하고 내 옷은 거의 세탁기에 넣질 않는다. 그러나
다른 식구들에게까지 강요할 순 없어 앞으로도 세탁기를
없애지는 못할 것 같다. 가끔 빨래를 정리하던 큰아이가
"엄만 옷 안 빨아 입어? 왜 엄마 옷은 없어?" 물을 때가
있는데 "난 손이 세탁기야." 하고 만다. 사실
농담이 아니다.

여름이 아닌 계절에 땀이 약간 났다면
옷을 베란다에 널어 통풍시킨 후 다시
입는다. 생협에서 파는 천연탈취제를
살짝 뿌려 주면 며칠 더 입으며 세탁을
최대한 미룰 수 있다. 여름에도 두세 벌로

유지매미

갈아입기가 가능하냐고 묻는 이들이 더러 있는데 물론
가능하다. 저녁에 귀가해서는 샤워하며 빨래를 같이 한다.
그런 다음 옷을 그냥 너는 게 아니라 두툼한 타올로 김밥
말듯이 말아 한 차례 물기를 뺀 후에 널면 상당량의 물기가
빠져 밤사이 대체로 마른다.

　이게 그렇게 힘들고 복잡한 일일까? 우리는 시도조차
하지 않고, 현재 세팅된 삶에서 조금만 벗어나도 힘들고
고생스럽겠다며 두려움부터 챙긴다. 하는 일도 많고 바쁜데
어떻게 그렇게 사느냐고 누군가 물어올 때면, 왜 그렇게
살 수 없냐고 진지하게 반문하고 싶어진다(까탈스럽다 소리
들을까 봐 이런 논쟁은 피할 때가 많다).

　<100일 동안 100가지로 100퍼센트 행복 찾기>라는
영화가 있다. 혼자 영화 보는 취미가 있어 뜻하지 않게
시간이 뜰 때 사전정보 없이 어떤 영화든 찾아서 보곤
하는데, 플로리안 데이비드 피츠 감독의 이 작품을
발견하곤 참 기뻤다. 지금도 마찬가지지만 소비에 관해
글을 쓰고 강연도 많이 다니던 때라 내 목소리를 지지해 줄

아주 좋은 영화라고 생각했기 때문이다.

제목에서 느껴지듯, 영화가 주려는 메시지는 행복이라는 게 우리가 소유한 물건의 개수로는 결코 채워지지 않는다는 거다. 단 57개의 물건으로 살았던 증조부 시대를 거쳐 조부모 시대에는 평균 200개, 부모 시대는 650개, 그리고 우리는 1만 개의 물건을 사용하며 살아간다. 세대를 거치며 필요한 물건 개수가 기하급수로 증가한 걸 알 수 있다. 일상에서 사용하는 물건이 증가했다는 건 그만큼 우리 삶이 편리해지고 풍족해졌다는 증거일 텐데, 그렇다면 물건의 개수와 인간의 행복은 비례할까? 결론은 누구나 짐작하듯, 아니다!

"우린 전부 가진 세대예요. 먹고 싶을 때 먹고 행복하지 않을 이유가 없어요. 그런데 왜 우리 행복은 오래가지 않을까요?" 영화는 묻는다.

우리는 왜 끊임없이 물건을 소유하고 싶은 욕망에서 벗어나질 못하는 걸까? 때론 '과시적 소비'로, 때론 편리하다는 광고에 넘어가 이전에는 필요한 줄도 몰랐던 물건을 산다. 어쩌면 삭막한 현대사회를 살아가며 내면의 헛헛함을 '소비하는 행위'로 채우고 있는 것은 아닐까?

영화를 보고 집으로 걸어오면서
내가 가진 많은 물건 중에 나만의
서사가 깃든, 그래서 버릴 수 없이
소중한 것은 과연 몇 개나 될까

남생이무당벌레   궁금해졌다.

중학생 때였나, 아버지가 울릉도 여행을
다녀오시면서 선물로 사다 주었던 물건을 나는 아직도
간직하고 있다. 울릉도 향나무로 만든 초록색 무당벌레
모양 집게인데, 수십 년 세월이 지났지만 아직도 내 책상
위 어딘가에 놓여 있다. 아버지가 색깔이 다른 무당벌레
집게 네 개를 보여 주며 사남매에게 하나씩 고르라고 했을
때 나는 초록색을 골랐다. 언니는 빨간색, 남동생 둘은
파란색과 갈색이었다. 어떻게 그 색깔까지 다 기억하고
있을까? 빨간색을 좋아하는 언니가 물건을 먼저
집었고 나는 남은 세 가지 색깔이 다 마음에 들어
이것저것 만지다가 초록색을 골랐다. 남동생
둘은 사실 물건에 별 관심이 없었다.

초록 무당벌레
집게

또 하나, 우리집에서 가장 오래된 물건
가운데 내가 학생 시절에 쓰던 의자가 하나 있다. 나는
대학교 3학년 때부터 남동생들과 자취생활을 몇 년

했는데 그때 구입했던 식탁 의자다. 나와 동생들이 결혼을 하면서 함께 쓰던 물건을 하나둘 처분하게 됐는데 너무 멀쩡한 물건들이 버려지는 게 아까워 의자 하나를 집으로 가져왔다. 이 물건이 햇수로 몇 년 되었냐면, 내 나이에서 20년을 빼면 대략 나온다. 낡긴 했지만 지금도 흔들림 없이 튼튼하니 과연 나중에라도 처분할 수 있을까 싶다.

바꾸고 싶어도 바꿀 수 없는 가구가 또 하나 있는데 바로 소파다. 1999년에 구입했으니 거의 30년을 사용했는데 어찌나 튼튼한지 바꿀 명분이 없다. 가끔은 나조차 소파가 너무 지겹게 느껴져서 식구들에게 물으면 "멀쩡한데 왜 바꿔?" 한다. 그러니 오늘의 나를 만든 절반은 우리 식구들의 몫일지도 모른다.

생각해 보면 가구가 낡고 못 쓰게 되어 바꾼 적이 별로 없었다. 지금 우리집 가구 중에 내가 결혼할 때 샀던 것은 침대 옆에 두는 협탁과 5단 서랍장뿐이다. 누구 못지않게 버리고 샀으니 그만하면 충분하다. 과거엔 딸을 낳으면 오동나무를 심어 혼인할 때 가구를 만들어 주고 그것을 대를 물려 가며 썼다는데 우리는 어쩌다 이토록 어리석어졌을까? 이제 가구 구입도 그만하려 한다.

딱다구리보전회를
만들다

아침밥을 먹고 막 책상 앞에 앉으려는데 파랑새 소리가
들린다.

'왔구나!'

반가움이 왈칵 일며 책상 옆에 둔 쌍안경을 챙겨 소리
나는 창가로 달려간다. 옆 단지 옥상 피뢰침 주변으로
파랑새 세 마리가 날고 있다. 펼친 날개 사이로 흰
무늬(파랑새를 식별하는 동정 포인트 중 하나)를 발견하니 더
반갑고, "꽉꽉꽉꽉~" 소음 같은 소리마저 사랑스럽다.

"먼 길 오느라 얼마나 수고가 많았니?"

나직이 혼잣말을 하며 격하게 환영한다. 며칠 전

꾀꼬리가 도착한 걸 확인한 터라 이제 우리 숲에 와야 하는
여름철새는 대충 다 도착했다.

　지방 강연을 위해 아침 일찍 서둘러 집을 나서던 어느
날에는 아파트 입구를 지나 옆 단지까지 파랑새 한 마리가
내 머리 위로 따라왔다. 마침 방향이 같았을 뿐이겠지만
나를 배웅해 주는 거라고 아전인수 격으로 해석한다.
파랑새를 쳐다보며 "잘 다녀올게." 인사를 하고 나서는
발걸음은 얼마나 가벼운지.

　내가 새들에게 이토록 친밀감을 느끼게 된 건 지금 사는
집으로 이사를 오고부터다. 나무와 곤충을 꽤 오랫동안
관찰하면서도 털이나 깃털을 가진 동물은 이상하게
두려워한 탓에 새소리가 귀에 잘 들어오지 않았다. 그런데
숲을 곁에 둔 아파트로 이사하면서 자연스레 익숙해졌다.
거실 창밖으로 보이는 거라곤 온통 숲뿐인 집에서 맞은
첫 새벽에, 열린 창으로 쏟아져 들어오던
새소리에 깜짝 놀라 잠이 깼던
기억이 아직도 생생하다. 그토록 많은
새가 주변에 살고 있다는 걸 깨닫고 나니
더 가까이에서 보고 싶어졌고, 급기야

겨울에 '털찐' 참새

베란다 바깥 화분 거치대에 새 모이대를 마련했다.

모이대를 놓고 스물 하루째 되는 날에 조그만 참새 한 마리가 찾아온 게 시작이 되어 새들과 이웃으로 지낸 지도 10년이 넘었다. 매일 아침에 눈 뜨면 가장 먼저 하는 일이 새 밥 주기다. 모이를 한 컵 담고 물도 한 컵 담아서 베란다를 향해 앞으로! 새에게 밥을 주면서부터는 밖에서 먹다가 남은 밥이 있으면 반드시 싸 온다. 밥 한 알이 참새 입을 꽉 채우고도 남는 걸 본 뒤로는 함부로 버리지 않게 되었다.

창을 열어 빈 모이통을 채우고 물통도 채우는 동안 참새들이 몰려와서 주위를 붕붕 난다. 애들은 어떻게 내가 모이 주는 걸 알까? 창문을 열 때 나는 소리를 신호처럼 듣는 건가? 이따금 이불을 터느라 창문을 열었다 닫으면 참새 떼가 휘리릭 몰려오곤 했다. 어쩌면 눈 밝은 참새 하나가 내 손이 창밖으로 나오는 걸 보고 친구들에게 신호를 보내 주는지도 모른다. 작은 새들이 떼로 몰려다니는 까닭은 좀 더 많은 눈을 갖기 위함이라고, 그래야 천적으로부터 재빨리 피신할 수 있다고 들었다.

청소년 책을 여러 권 출간하면서 어린 학생들을 만날 기회가 많아졌는데 이들에게서 받는 단골 질문 중 하나가 '그러면 작가님은 어떤 실천을 하느냐'는 것이다. 지구 환경과 생태계를 위해 할 수 있는 일을 책에다 많이 적어 놓은 건 알겠는데, 그러니까 당신은 뭘 실천하며 사느냐는 물음일 테다. 입장을 바꿔서 생각하면 나 역시 그게 제일 궁금할 것 같다. 더구나 환경을 위한 실천은 얼마나 귀찮고 불편을 감내해야 하는 일인가 말이다.

내 이야기를 몇 가지 해 주면 학생들이 가장 놀라는 부분은 고기를 끊었다는 점이다. 대뜸 "그러고 어떻게 살아요?"라고 묻는 친구도 있다. 그러면 "여기 지금 학생 눈앞에 내가 살아 있잖아요!"라고 답한다. '웃픈' 일이지만 고기를 먹지 않고도 살 수 있다는 한 증거로서 내 존재가 쓰일 수 있다면 그것도 다행이다.

몇 년 전부터는 개인의 실천을 뛰어넘어 좀 더 많은 사람이 함께하면 좋을 일을 상상해 봐야 하지 않을까 하는 부채 의식이 생기기 시작했다. 책을 꽤 많이 출간하느라 나무도 많이 없앴는데 그렇다면 나는 어떻게 나무에게 보은할 것인가를 생각하지 않을 수 없었다. 그러다가 딱다구리를 떠올렸다.

딱다구리가 만든 둥지를 사용하는
소쩍새 새끼.

　딱다구리는 나무를 쪼아 둥지를 만드는 유일한
동물이다. 딱다구리가 만든 둥지를 소쩍새, 하늘다람쥐,
다람쥐, 호반새, 원앙 등 적어도 15종 이상의 동물이 번식
둥지로 재활용한다. 한번은 비 내리는 날, 다람쥐 한 마리가
나무 둥지 안에서 바깥을 내다보며 한참이나 오도카니
있는 모습을 봤다. 딱다구리는 대체로 비가 들이치지 않고
볕도 잘 드는 곳에 둥지를 만든다. 숲에서 세대를 거쳐 살며
몸으로 터득한 풍수지리일 것이다.

　그 안온한 거처를 숲에 사는 여러 동물이 무료로
사용한다. 스스로 의도하진 않았겠으나 딱다구리는 숲에
넓은 우산을 펼쳐 많은 생명이 그 밑에서 안전하게 살아갈
수 있도록 베푸는 위치에 있다. 이들이 만든 둥지는 숲의
공유자산이다. 그런 딱다구리가 숲에서 사라진다면 어떤
일이 벌어질까? 문제는 최근 들어 부쩍 딱다구리와 그
둥지를 사용하는 동물들 간에 치열한 둥지 쟁탈전이
벌어지고 있다는 사실이다. 이유는 딱다구리가 둥지를
만들 만큼 큰 나무가 점점 부족해지기 때문이라고 한다.
숲에 나무는 많지만 딱다구리가 둥지를 만들 나무는
부족한 이 모순을 어떻게 해결하면 좋을까?

딱다구리의 몸 크기에 따라 다르겠지만 이들이 둥지를 지으려면 적어도 지름 30cm는 넘는 나무가 필요하다. 그러나 요즘 우리 숲에서는 30년 이상 된 나무는 탄소 흡수력이 떨어진다며 베어 버리고 어린나무를 심는 작업을 하고 있다. 소나무재선충을 방제한다며 온 숲에 살충제를 항공 살포하고는 뒤늦게 집단 폐사한 꿀벌을 되살리기 위해 밀원 숲을 조성한다는 명목으로 또 오래된 숲을 밀어낸다. '치유의 숲'이라는 이름으로 기존의 나무를 베어 버리고 편백 숲을 만들기도 한다. 죽은 나무는 숲을 가꾼다는 명분 아래 치워 버린다.

딱다구리 생태를 관찰해 보면 죽은 나무에 둥지 만들기를 가장 선호한다. 죽어 가는 나무는 둥지를 파기도 수월할 뿐더러 곤충이 많이 깃들어 새들에겐 최상의 뷔페 식당이다. 딱다구리와 곤충들이 쪼아 대고 파 놓은 나무에는 버섯 같은 분해자들이 찾아와 이를 토양으로 순환시킨다. 건강한 생태계의 핵심은 선순환이며 여기엔 살아 있는 건강한 나무도 죽은 나무도 다 필요하다.

숲을 간섭하려는 인간의 손길을 거둬야 한다. 대체 어떻게 인간이 숲을 가꿀 수 있다는 걸까? 이런 관점이야말로 오만이고 자연을 경제적 자원이자

상품으로만 대하는 태도가 아닌가. 새 나무를 심고자
한다면 그곳은 숲이 아니라 도심이어야 한다.

　마음속 분노가 쌓여 가던 중, 비슷한 생각을
하는 지인들과 함께 딱다구리보전회(줄여서 '딱보')를
설립했다. 2024년 4월의 일이다. 오랜 시간 딱다구리를
관찰해 '딱다구리 아빠'로 불리는 작가, 숲 생태를
전공한 교수 등 나의 네트워크에 연결된 지인 여덟 명이
발기인으로 참여했다. 우리는 스스로 목소리를 낼 수
없는 딱다구리들을 위해 변호사가 되기로 했다. 4월 27일
창립포럼을 열고 그날을 '딱다구리의 날'로 선포했다.
　현재 우리나라에는 딱다구리 여섯 종이 살고 있다.
1990년대까지만 해도 일곱 종이었지만 크낙새를 잃었다.
서식지가 망가지면서 벌어진 일이다. '딱보' 공동대표이자
20년 넘도록 딱다구리를 관찰하고 있는 김성호 작가의
말에 따르면 크낙새 뒤를 이어 까막딱다구리가 멸종의
길로 바싹 따르고 있다. 현존하는 딱다구리 중 몸집이
가장 큰 까막딱다구리가 둥지를 만들 정도로 큰 나무가
부족해서 벌어지는 일이다.
　딱다구리가 언제고 살아갈 수 있는 숲은 어떻게

까막딱다구리

딱다구리보전회 로고에는
멸종 위기에 처한 까막딱다구리
모습을 담았다.

멸종된 크낙새(왼쪽이 암컷, 오른쪽이 수컷)

가능할까? 인간의 간섭을 최소화하면 그뿐이다. 이게
얼마나 쉬운 일인가. 기후위기 시대에 탄소중립을 너나없이
이야기하면서도 가장 중요한 탄소 흡수원인 숲을 왜 그냥
내버려두지 않을까?

　보전회를 만들자고 제안한 업보로 내가 초대
사무국장을 맡았다. 격월로 시민들과 딱다구리가 사는
숲으로 탐방 가는 행사를 하고, 요청이 오는 곳이 있으면
딱보 식구들과 함께 찾아가서 딱다구리 토크 콘서트도
연다. 네이버에 카페를 열어 딱다구리와 그 둥지에서
살아가는 이웃 동물들의 소식을 갈무리하는 일 역시
사무국장인 내가 맡고 있다. 지방으로 강연 다니랴 원고
쓰랴 바쁜 와중에 이런 일까지 벌였다고 지인들은 혀를
내두르지만 재미있는 일은 아무리 많아도 힘들지가 않다.
기후위기의 심각성을 알면 알수록 바닥 모를 나락으로
떨어지는 심적 고통을 느낄 때가 많았는데 지인들과 딱보
활동을 하며 새로운 희망을 품게 되었다.

　단체를 만들고 얼마 안 되어 보람을 느낀 일도 있다.
서울 은평구 봉산에서 멀쩡하던 숲이 잘려 나가고 그곳에
편백나무를 심어 치유의 숲을 조성하고 있다는 제보를

받고 모 일간지 기자와 함께 다녀왔다. 이후 여러 매체에 보도되면서 시민들에게 숲이란 어떤 곳인지 화두를 던지는 계기를 마련했다고 생각한다. 누군가 주변의 숲을 보전하고 싶은데 마땅히 의논할 곳이 없을 때는 딱보를 기억하고 함께 역할을 해 나가면 좋겠다.

딱다구리가 나무를 두드리는 소리가 유난히 활기차게 느껴지면, 완연한 봄이다. 이 소리를 세대를 이어 언제까지고 우리 숲에서 들을 수 있기를 바란 것이 딱보를 꾸릴 때의 첫 마음이었다. 우리 숲에 딱다구리가 산다는 것을 열심히 알리려 한다. 딱다구리가 얼마나 아름다운 새인지, 그리고 딱다구리가 숲 생태계에 기여하는 역할을 이해하는 사람이 늘어날수록 많은 이의 마음속에 딱다구리가 한 마리씩 살게 되지 않을까? 적어도 해마다 4월 27일 '딱다구리의 날'에는 딱다구리와 그들이 사는 숲의 안부를 궁금해하는 시민이 점점 늘어나길 기대해 본다.

날마다
그림

　전국을 다니며 강연하고 글 쓰는 일상에 지쳐갈 즈음 내 평생의 취미를 찾았다. 일명 '날마다 그림'(내가 지은 미션 명이다), 매일 무엇이든 한 장씩 그림을 그리는 거다.

　지방 강연을 마치고 서울로 오는 길엔 잠을 잘 수도, 책을 읽을 수도, 글을 쓸 수도 없을 만큼 완전히 지쳐 있기 일쑤다. 길게는 기차 안에서 세 시간이 넘도록 무료함을 달래야 하는 어느 날, 노트를 펼쳐 연필로 그림을 그렸다. 마침 길에 떨어진 멋진 낙엽 하나를 주워서 기차에 오른 터였다. 그것을 들여다보며 보이는 대로 따라 그렸더니 제법 그럴싸했다. SNS에 올리자 기대 이상으로 칭찬을 해

상모솔새

주었다. 글 쓰는 게 직업인 내가 그림을 그렸다는 의외성이
다분히 작동한 반응이겠지만 그럼에도 격려가 되었다.

　새를 보기 시작하고 4~5년쯤 되었을까, 상모솔새라는
우리나라에서 볼 수 있는 가장 작은 새를 알게 되었다.
머리에 노랑과 빨강 족두리를 쓴 듯한 모습이 앙증맞고
예쁜 새인데 너무 작아서 가냘프고 높은 '소리'로 먼저
알아채게 된다. 그런데 아파트 전나무 가지 사이로 빠르게
움직이는 상모솔새를 처음 본 날에는 단지 새로운 종을
발견했다는 이상의 기쁨이 있었다. 고작 길이 5센티미터
남짓한 몸으로 저 멀리 백두산 언저리에서 이곳까지
날아온다는 사실을 알고 나니 경외감마저 들었다. 우연한
기회에 상모솔새 그림을 한 장 구해서는 책상 앞에 붙여
놓았다가 어느 날 따라 그려 보았다. 태어나 처음으로

다리 하나가 잘린
댕기물떼새

그린 새 그림이었다. 지금 보면 어린아이 그림 같지만 평소
어렵게만 느껴지던 것에 도전하고 나니 조금 더 자신감이
붙었다.

이런 경험들이 반복되면서 2022년 1월 29일부터 날마다
그림을 그리고 있다. 내가 그림을 그리는 대상은 대개
살아 있는 생물이다. 한쪽 다리가 절반 잘린 댕기물떼새를
그리던 날은 울면서 그렸다. 비록 다리 한쪽은 불편하지만
천수를 누리길 진심으로 기원하면서. 한번은 겨울이 끝나고
북쪽으로 돌아가는 기러기 무리를 찍은 사진을 봤는데
기러기 한 마리의 목이 이상한 모양으로 꺾여 있었다.

사진을 찍은 이에 따르면 다친 것 같다고 했다. 그런 상태로
먼 거리를 이동할 수 있을까, 안쓰러운 마음이 들면서
기도하는 마음으로 그 풍경을 그렸다.

　그림을 그리면서 나는 대상을 더 자세히 관찰하게
되었고 평생을 '꾸준히'와는 담쌓고 살던 내게 무언가
축적되기 시작했다. 그리는 동안은 대상에 완전히 몰입하게
되니 그 시간이 쉼이고 명상이기도 하다. 아마도 그 시간이
인공물에 가려 단절되었던 내 마음에 다시 자연과 연결되는
다리를 놓아 주는 것 같기도 하다.

　날마다 그리겠다고 마음먹고 주변에 선언까지 했던
무렵에는 아침에 눈을 뜨면 오늘은 뭘 그릴까, 그 생각부터
했다. 주변을 두리번거리며 그림 소재만 찾게 되니 가끔은
내 직업이 화가인가 싶을 만큼 삶이 기울어지는 걸 느꼈다.
그러나 지나치게 쏠렸던 감정은 이내 균형을 찾았다.

　빠르게 걷던 걸음걸이를 조금 늦추면 주변을 둘러보고
때론 멈춰서 들여다볼 여유가 생긴다. 멈춰야 비로소
열리는 세계가 있다. 자연이 그렇다. 밋밋하고 새로울
것 없던 풍경이 특별하게 바뀌는 경험을 하게 된다.
연구자도 아닌 내가 장수허리노린재 약충을 발견한 것도,

기러기 떼 스케치.
아래 그림에 목이 꺾인 개체가 있다.

박각시의 호버링을 발견한 것도 그래서 가능했다. 가로수 줄기에 피어 있는 지의류의 색깔이 다양한 것도, 벚나무 가지에 노랑쐐기나방 고치가 여럿 있다는 것도, 그리고 그 나방들이 우화하느라 고치 윗부분에 마치 칼로 자른 듯 정교한 구멍이 생긴다는 것도, 멈춰서 살펴보다가 발견했다. 똑같은 벚나무여도 나무마다 지닌 이야기가 다르다. 이야기는 작가인 내게 쓸거리를 제공하니 글과 그림이 서로 맞물려 순환하는 것 같았다.

종종 생태 글쓰기 프로그램을 진행하는데 주제는 대개 '생태 감수성'이다. 참가자들에게 새든 식물이든 자연물을 관찰하고 그림을 그려 보기를 먼저 권한다. 미술 시간이 아니기에 그림의 완성도보다는 자세히 관찰하는 데 초점을 둔다. 그림을 그리려 관찰하다 보면 대상에 대한 생각이 깊어지고, 깊어진 생각 속에서 질문이 슬그머니 고개를 든다. 질문은 수동적인 삶을 능동적인 삶으로 바꾸어 주는 장치다. 질문이 확장되면서 우리 안에 있던 생태 감수성을 자극한다.

우리 주변에서 살아가는 생물을 관찰하고, 관련 정보를 찾아보고, 질문을 거듭하다 보면 자연의 모든 것이 내

삶과 가깝게 연결되어 있다는 진리에 이르게 된다. 글쓰기
강연을 마무리할 즈음에는 참가자들로부터 자기 삶이
달라졌다는 얘길 종종 듣는다. 삶을 가꾸는 글쓰기에
그림을 더하면 진정으로 삶이 풍성해진다. 날마다 그림을
그리고, 질문하며, 삶을 반추하는 매일 습관이 모든 생명을
위한 공동선을 추구하는 과정으로 이어질 거라고 나는
믿는다.

　　가끔은 너무 피곤해서 바로 쓰러져 자고 싶은 날에도
그림을 그린다. 초등학생 수준의 스케치라도 끄적이고
잠든다. 왜 그래야만 하느냐고 묻는다면 뭐라고 답할 수
있을까? 아마도 나와의 약속을 무겁게 여기기 때문인
것 같다. 작심삼일을 넘어섰는데 이왕 이렇게 된 거 내
에너지가 받쳐 주는 한, 끝까지 해보고 싶다.

어느 하루의 그림 일기.
가끔 이렇게도 그린다.

결국 그래를
들고 다시 집으로...
내일 버려야지.
새벽을 위해
기도하.

162일째
날마다
그리기

Accademia

음식물 쓰레기
버리러 나갔다가
쌔쥐 발견. 어딘가
많이 지쳐 제대로
걷지도 못하더라는.
세상에서 가장 무서운게
쥘데, 오늘은 너무 불쌍...
했여 누가 지나가다 놀랄까
고둘질퀴 해주다가 길비어씨께 맡솜드림.

JULY
2022.07.10
날마다그
162일(이
떠배기는

저녁
10시 넘은
신강에 나타
노광 등풍뎅이
비닐봉지로
잡아
내버래

형열 역사의
쓰고, 때복 칠꺽거리고
마감 원고
하나 씀

오늘 저녁엔
다진 깻멸기 감자를 갈아서
을 넣은 감자전 + 막걸리

1, 2 해야 할 일과 글감 메모, 아이들에게 받은 편지들로
가득 찬 책상. 바로 옆 벽에는 도요·물떼새들의 이동
경로를 추적하는 발찌 색상표가 붙어 있다.

3 비워도 비워도 다시 차는 책장.

4 솔방울, 돌, 그림, 나무 조각품… 서재엔 자연 소재
물건이 많다.

What's in my bag

외부로 강연을 많이 다니다 보니 그때그때 필요해지는 물건이 많아 보부상처럼 큰 가방을 들고 다니는 편이다. 작은 물건들은 가방 안에서 흩어지면 찾기가 어려워 손바닥만 한 파우치 여러 개에 나누어 수납하는데, 사진을 찍으려 가방에 든 것을 꺼내 보니 이런저런 주머니가 열 개가 넘는다. 복잡해 보이지만 어느 물건을 어느 파우치에 넣었는지만 기억하면 어디서나 필요한 물건을 찾아 쓰기 쉽다. (그런데 늘 이게 문제다.)

환경작가가 가방에 넣어 다니는 물건들

양치 파우치 : 강연을 하느라 전국을 돌아다니기 때문에 양치 파우치는 필수. 내 이는 소중하니까. 칫솔, 치약 그리고 접히는 작은 물컵이 들어 있다. 흔히 칫솔과 치약은 갖고 다녀도 컵은 잘 안 들고 다니던데 내 파우치 속에는 접었다 폈다 하는 작은 컵이 들어 있다.

반짇고리 : 바늘과 실, 가위 그리고 천조각이 들어 있다. 일정과 일정 사이 시간이 살짝 뜰 때는 바느질을 한다. 오래전에 퀼트에 빠져 밤을 새우며 바느질을 한 적도 있을 정도로 손으로 히 는 일을 좋아

한다. 요즘은 새로 배운 페더 스티치가 무척 재미있어서 전철 안에서도 바느질하느라 내릴 역을 놓칠 때도 있다.

면 휴지를 담은 파우치 : 100퍼센트 면으로 만든 휴지를 필요한 양만큼 넣어 다니며 물휴지 대신 사용한다. 주로 생협에서 파는 제품을 사용하는데, 마른 상태로 들고 다니다 필요할 때 물을 부어 적시면 곧장 물휴지로 변신하는 타입이다. 시중에서 파는 물휴지는 플라스틱 소재라 사용하지 않는다.

자잘한 물건을 담은 파우치 몇 개 : 하나에는 얇은 덧신도 들어 있다. 이따금 초등학교에 강연을 가면 실내화로 갈아 신어야 하는데 여름엔 양말을 잘 안 신고 다니는 터라 요긴하다. 그밖에 인공눈물과 포스트잇 등을 담은 파우치도 있다. 외부에서 독서할 때 필요하다.

수첩과 펜 수납용 파우치 : 책 주문하면 오는 택배 포장재로 수첩과 펜을 넣는 주머니를 만들었다. 뭐든 버려지는 게 아까워 어떻게든 활용할 궁리를 하고 내 손으로 만들어서 쓰는 편이다.

USB 수납 파우치 : 강의 다닐 때 필수품. 오래되어 귀퉁이가 낡았지만 아직 물건을 담기엔 멀쩡하기도 하고 가끔 강의 때 보여 주는 용도로도 활용한다. (그런데 사진을 찍다 보니 이젠 좀 바꿔야 할 것 같다.)

화장품 : 강의하기 전에 얼굴에 살짝 두드리고 발라 주는 화장품을 몇 가지 갖고 다닌다. (그런데 깜빡하고 잊어 버려 사용도 못할 때가 많다.)

수저집 : 일회용 나무젓가락을 사용하지 않으려고 늘 들고 다닌다.

명함 지갑 : 이탈리아의 어느 장인이 가죽으로 만든 물건인데 내 손에 들어온 지 10년은 확실히 지났다. 살아 있는 동안은 계속 쓰게 될 것 같다.

충전용 케이블 수납 파우치 : 이것도 족히 7년은 넘은 듯.

필통 : 윤호섭 선생님이 그려 주신 초록 잎사귀가 마음에 들어 오래 지니고 있는 물건. 독자들을 만날 때 사인하기 위한 펜들이 들어 있다.

손수건 : 손을 한 번 닦으면 금세 젖기 때문에 여러 장을 갖고 다닌다. 사진 속의 손수건 중 한 장은 내가 만든 것으로, 아이들 어릴 적에 쓰던 천 기저귀를 잘라 손바느질해서 만들었다. 다른 한 장은 몇 년 전 강연을 갔다가 선물로 받은 차 포장용 보자기였다. 소박한 면 보자기가 마음에 들어 이후로 손수건으로 사용하고 있었는데 몇 해 지나 선물하신 분을 다시 만났을 때 그걸 알아보셨다. 내가 이걸 꺼내서 손을 닦는 걸 유심히 보더니 "혹시 그거…" 하시길래 "아, 맞아요. 그때 이걸로 싸 주셨지요." 하면서 마주 웃었던 좋은 기억이 있다.

스마트폰 : 세상과 나를 연결해 주는 중요한 기계.

접는 백팩 : 장바구니 등 여러 용도로 사용한다.

쌍안경 : 지방이나 강연 가는 곳 근처에 숲이나 호수, 강이 있으면 반드시 들고 간다. 새 관찰용 필수품이다.

새 모이통 : 낯선 곳에서 새들을 만나면 뭔가 주고 싶어진다. 그래서 작은 통에 항상 모이(주로 쌀, 귀리, 좁쌀, 겨울엔 분태땅콩)를 조금씩 넣어 다닌다.

태블릿 PC : 그림을 그리고 글을 읽기 위해 신체의 일부처럼 지니는 물건이다.

노트 : 코끼리 똥으로 만들었다는 공책. 선물 받은 제품인데 가볍고 촉감이 좋아 언제부턴가 늘 가방에 들어 있다.

자연의 편에 서는 일상 실천법

　내가 사는 지역으로 오가는 새들에 관심을 기울여
보세요. 봄부터 여름철새가 찾아와 우리와 함께 여름을
지내고 가을 입추 무렵부터 돌아갑니다. 여름철새가 가고
나면 겨울철새가 겨울을 지내려 북에서 내려와요. 이렇게
우리 곁에서 살아가는 야생동물의 존재를 알게 되면 내
주변 환경에도 관심이 갈 수밖에 없어요. 기존의 생태계에
자꾸 인공적인 것을 만들어 넣는다거나 인위적으로
간섭하려는 일들을 멈추라고 말할 용기가 생겨요.

　집 주변에서 딱다구리 둥지를 찾아 보세요. 공원이든
숲이든 어디든. 둥지가 비어 있는지, 그곳에 누가
들락거리는지도 시간 날 때마다 들여다보며 관찰해
보세요. 그리고 네이버 카페 '딱다구리보전회'에 들어와서
딱다구리에 관한 글을 읽어 보세요. 얼마나 흥미로운

새인지 알게 된다면 딱다구리가 사는 숲이 온전히 보전되길
바라는 마음이 커질 거예요.

　바느질의 즐거움을 경험해 보세요. 낡거나 해어진
물건을 그냥 버리고 새로 사기보다는 고쳐 쓰면서
오래도록 나와 함께할 물건으로 만들 수 있어요. 이런
물건의 개수를 늘려 가면서 물건의 이야기도 쌓아 가요.

　저는 책을 많이 구입하다 보니까 집에 택배 포장재가
넘쳐나요. 그래서 누군가에게 제 책을 선물할 때는 모아
놓은 택배 포장재를 재활용합니다. 그리고 겉에 '이
포장재는 리사이클 중'이라는 짧은 메모를 적어서 보내요.
받는 사람이 그것을 이어서 사용한다면 너무 좋겠죠?

　가끔 파우치가 필요할 때면 천 대신 포장재를
바느질해서도 사용합니다. 이런 재사용법으로 쓰레기를
없앨 수는 없지만 쓰레기가 되는 시간을 조금은 연장할 수
있어요. 오래 전 아이들 키울 때 사용했던 천 기저귀가 집에
그대로 있는데 요즘은 그 천을 조금씩 잘라서 손수건을
만들어 사용해요. 손수건은 많이 가지고 다닐수록 좋아요.

손을 닦으면 금세 축축해지거든요. 손수건을 가지고
다니면 공공장소에서 일회용 종이타올을 소비할 일이
없어요.

자연으로　　03
향하는　　　생각하는
삶　　　　　대로
　　　　　　살아가기

초판 1쇄 발행 2025년 03월 01일

지은이　　최원형
펴낸이　　박희선

발행처　　도서출판 가지
등록번호　제25100-2013-000094호
주소　　　서울 서대문구 거북골로 154, 103-1001
전화　　　070-8959-1513
팩스　　　070-4332-1513
전자우편　kindsbook@naver.com
블로그　　www.kindsbook.blog.me
페이스북　www.facebook.com/kindsbook
인스타그램　www.instagram.com/kindsbook

ISBN　　　979-11-93810-06-4 (03400)